BEI GRIN MACHT SICH IHR WISSEN BEZAHLT

- Wir veröffentlichen Ihre Hausarbeit, Bachelor- und Masterarbeit

- Ihr eigenes eBook und Buch - weltweit in allen wichtigen Shops

- Verdienen Sie an jedem Verkauf

Jetzt bei www.GRIN.com hochladen und kostenlos publizieren

Katrin Niemann

"Zwillinge brauchen alles doppelt" - Einführung des Verdoppelns im Rahmen des Mathematikunterrichts für die 2.Klasse

GRIN Verlag

Bibliografische Information der Deutschen Nationalbibliothek:

Die Deutsche Bibliothek verzeichnet diese Publikation in der Deutschen National-bibliografie; detaillierte bibliografische Daten sind im Internet über http://dnb.d-nb.de/ abrufbar.

Impressum:

Copyright © 2005 GRIN Verlag GmbH
Druck und Bindung: Books on Demand GmbH, Norderstedt Germany
ISBN: 978-3-638-76392-9

Dieses Buch bei GRIN:

http://www.grin.com/de/e-book/46450/zwillinge-brauchen-alles-doppelt-einfueh-rung-des-verdoppelns-im-rahmen

GRIN - Your knowledge has value

Der GRIN Verlag publiziert seit 1998 wissenschaftliche Arbeiten von Studenten, Hochschullehrern und anderen Akademikern als eBook und gedrucktes Buch. Die Verlagswebsite www.grin.com ist die ideale Plattform zur Veröffentlichung von Hausarbeiten, Abschlussarbeiten, wissenschaftlichen Aufsätzen, Dissertationen und Fachbüchern.

Besuchen Sie uns im Internet:

http://www.grin.com/

http://www.facebook.com/grincom

http://www.twitter.com/grin_com

Kurzlektion für den 23.05.05

Lehramtsanwärterin:	Katrin Niemann
Seminarleiterin:	Frau D.
Studienleiterin SB:	Frau J.
Studienleiterin LB:	Frau H.
Schule:	SFZ ***
Mentorin:	Frau K.
Klasse:	2
Datum:	23.05.2005
Zeit:	8.40 – 9.25
Fach:	Mathe
Thema der Stunde:	Zwillinge brauchen alles doppelt!
Stellung in der Stoffeinheit:	Einführung „Verdoppeln"

Stellung der Stunde:

E	F	F/W
Einf. Begriff „Verdoppeln"; Umgang mit Spiegel und Materialien	Festg. durch Wdh./Ü und Transfer auf Zahlen anschaulich und konkret an Bsp.	Festg./Wdh. ; Erkenntnis, dass man alle Zahlen verdoppeln kann (ZR bis 20)

1

Inhaltsverzeichnis

1. Lehr- und Lernziele

1.1. Grobziele

- Einführung des Begriffs „Verdoppeln" und das Duplizieren von Gegenständen anhand eines Spiegels

1.2. Feinziele – Sonderpädagogische Ziele

Kognitive Ziele:

Wissensziele:

- Die Schüler sollen handelnd erfahren, dass mit Hilfe eines Spiegels verschiedene Dinge dupliziert werden können.

Könnensziele:

- Die Schüler können mit dem Spiegel unterschiedliche Dinge duplizieren
- Sie lernen, dass man verschiedenste Dinge verdoppeln kann.

Sonderpädagogische Ziele:

Sprachtherapeutische Ziele:

- Anregen von Satzbildung durch Satzmusterangebote in Form freien Sprechens im Gespräch/ beim Auswertungsgespräch zur Ergebnisdarstellung (alle, bes. Ch., P., J., S.)

Sensomotorische Ziele:

- Förderung der auditiven Wahrnehmung durch aufmerksames Zuhören (alle, bes. Ch., K., P. und D.)
- Förderung der Körperwahrnehmung durch Bewusstmachen der doppelten Körperteile (bes. P. und Ch.)
- Schulung der Fein- und Grobmotorik sowie der Auge – Hand - Koordination durch das Handtieren mit Spiegel und Gegenständen (bes. P., Ch., Franzi, J.)

Soziale Ziele:

- Anregung der Lernfreude und Motivation durch den Einstieg (alle, bes. K., Ch., D., P.)
- Förderung des Verhaltens gegenseitiger Rücksichtnahme sowie Förderung der Teamfähigkeit beim Partnerlernen und Ergebnisdarstellung (bes. Ch., I. und P.)
- Steigerung des Selbstwertgefühls durch Gespräche und Ergebnisdarstellung (bes. P., M., J., T.)

Diagnostische Absichten:

- Wird es P. gelingen, sich in den verschiedenen Unterrichtsphasen durch individuelle Motivation und Zuwendung angemessen zu verhalten?
- Gelingt es, Ch. durch Motivation und bes. Arbeitsaufträge für die Stunde zu begeistern?

2. Bedingungsanalyse

2.1. Klassensituation

In dieser Klasse lernen zurzeit 10 Kinder. Tobias ist umgezogen und hat die Klasse verlassen.

Nach Pfingsten kam D. aus Sanitz zu uns in die Klasse. Er und K. kennen sich bereits aus der DFK und standen sofort rege in Kontakt.

Dass Klima in der Klasse ist zurzeit sehr angespannt. Die Umgangsformen sind rauer geworden. Fäkalsprache und aggressives Verhalten ist besonders bei Ch. und P. zu beobachten. P. spuckt derzeit wieder die Mitschüler an, was ihm auch auf dem Pausenhof Ärger einbringt.

Ch. zeigt erste schulaversive Verhaltensweisen. In Gesprächen zeigt er sich unbeeindruckt dessen, was ihm Mitschüler, Schüler und Lehrer hinsichtlich seines aggressiven Verhaltens in der Klasse und auch in den Pausen zu sagen versuchen. Er ist sich keiner Schuld bewusst, findet Lehrer und Mitschüler „doof". Schule macht ihm keinen Spaß, was er deutlich durch Störungsverhalten zeigt. Auch Methodenwechsel und Extraaufgaben beeindrucken ihn nicht. Sobald er nicht formale Rechenaufgaben erledigen kann, schaltet er ab.

2.2 Individuelle Lernvoraussetzungen

M.
- geb. am 29.03.1997
- Einschulung 2003 in Klasse 1 der allgemeinen Förderschule Graal – Müritz

Sprache	Syntaktisch – morphologische Ebene
	  ○ Probleme bei der Komperation der Adjektive
	  ○ fehlerhafte Pluralbildung
	  ○ leicht dysgrammatisch sprechend beim freien Erzählen
	
	Semantisch – lexikalische Ebene
	  ○ Wortschatz nicht altersgemäß entwickelt, jedoch nicht gravierend auffallend
	
	Pragmatisch – kommunikative Ebene
	  ○ Erzählfreude (sehr phantasievoll)

Förderung	• *Erzählfreude durch Schaffen von Sprechanlässen fördern bzw. aufrecht erhalten* • *Fehler auf der syntaktisch – morphologischen Ebene durch korrektives Feedback bewusst machen und korrigieren / korrigieren lassen* • *Spiele bzw. Anregungen zur Wortschatzerweiterung anbieten*
Lern- und Arbeitsverhalten	○ Freude an gestalterischen Tätigkeiten (Zeichnen, Basteln) ○ leicht ablenkbar, kurze Aufmerksamkeitsspanne ○ kann selbständig arbeiten, aber langsames Arbeitstempo ○ eingeschränktes Aufgabenverständnis ○ arbeitet sorgfältig und sauber
Förderung	• *Verstehenssicherungen durch z.B. Aufgabenwiederholungen einbauen; kleinschrittiges Vorgehen bei der Gestaltung von Lernsituationen* • *Selbständigkeit durch spezielle Arbeitsaufträge fördern bzw. aufrecht erhalten*

Sozial – emotionales Verhalten	○ freundlich und aufgeschlossener Schüler
Förderung	• durch Lob, Motivation und eine entspannte Lernatmosphäre wird eine Aufrechterhaltung der Lernfreude gewährleistet
Wahrnehmung / Motorik	○ Grobmotorik auffällig (Ganzkörperkoordination) ○ Rhythmisch und melodische Differenzierungsschwäche
Förderung	• Spiele zur rhythmischen und melodischen Förderung im Musik- und / bzw. Sportunterricht • Psychomotorische Übungen zur Schulung der Körperwahrnehmung (taktil, kinästhetisch, etc.) einsetzbar in allen Unterrichtsfächern
Kognition	○ Denkoperationen auf der Basis konkreter Anschauung und gegenständlich praktischen Handelns ○ Probleme im schlussfolgernden und rechnerischen Denken / Transfervermögen ○ kurze Aufmerksamkeitsspanne ○ mangelnde Konzentrationsfähigkeit ○ eingeschränkte Merkfähigkeit
Förderung	• Übungen zur Konzentrationsförderung (alle Fächer) • Entspannungsmomente durch z.B. autogenes Training schaffen, um die Konzentration und Aufmerksamkeit zu fördern bzw. die Aufmerksamkeitsspanne zu verlängern
Leistungsstand Mathe	○ tw. Verwechslung der Rechenzeichen (selten) ○ Rechnen bis 10 ohne Hilfsmittel; bei Über-/Unterschreiten des Zehners und bis 20 mit Fingern ○ arbeitet sehr sauber
Förderung	• Hilfsmittel anbieten und kleinschrittig vorgehen • Focus auf Rechenart lenken • Konzentrationsübungen

I.

- geb. 22.04.1997
- Einschulung 2003 in die 1. Klasse der allgemeinen Förderschule Graal – Müritz
- Sprachförderung

Sprache	syntaktisch – morphologische Ebene
	  o Komperation der Adjektive
	  o Perfektbildung
	  o leicht dysgrammatisch beim freien Erzählen
	
	phonematisch – phonologische Ebene
	  o partielle Dyslalie im Inlaut: /z/, /kl/, /tr/, /kn/; /ʃ/
	
	pragmatisch – kommunikative Ebene
	  o geringe sprachliche Merkfähigkeit
	
	semantisch – lexikalische Ebene
	  o Wortschatz nicht altersgerecht
	  o Begriffsbildung eingeschränkt

Förderung	• *Spiele / Anregungen zur Wortschatzerweiterung und Begriffsbildung anbieten* • *korrektives Feedback auf der syntaktisch – morphologischen sowie phonematisch – phonologischen Ebene geben (Korrektur / korrigieren lassen)*
Lern- und Arbeitsverhalten	o eingeschränktes Aufgabenverständnis o leicht ablenkbar, unkonzentriert
Förderung	• *Entspannungsmomente durch z.B. autogenes Training schaffen, um die Konzentration und Aufmerksamkeit zu fördern bzw. die Aufmerksamkeitsspanne zu verlängern* • *Verstehenssicherungen durch z.B. Aufgabenwiederholungen einbauen; Kleinschrittiges Vorgehen bei der Gestaltung von Lernsituationen* • *die Aufmerksamkeit mit Spannung am unterrichtsrelevanten Punkt festhalten (spielerisch, Spannungsbogen aufbauen / halten, etc.)*

Sozial – emotionales Verhalten	○ freundlich und aufgeschlossen, bei allen beliebt ○ sehr hilfsbereit ○ steht gerne im Mittelpunkt; reagiert zuweilen nicht angemessen
Förderung	• *durch Lob, Motivation und eine entspannte Lernatmosphäre wird eine Aufrechterhaltung der Lernfreude gewährleistet* • *durch die aufgestellten Verhaltensregeln in der Klasse soll unangepasstes und aggressives Verhalten gegenüber den Mitschülern und Lehrern unterbunden werden*
Wahrnehmung / Motorik	○ auffällige Feinmotorik zeigt sich beim Zeichnen und Schreiben auf der Linie ○ optische Wahrnehmung im Bereich von Raum-Lage-Beziehungen eingeschränkt
Förderung	• *Förderung der visuellen Wahrnehmungsbereiche durch Aufgaben zur räumlichen Orientierung* • *Lernen mit allen Sinnen*
Kognition	○ Denkoperationen auf der Basis konkreter Anschauung und gegenständlich praktischen Handelns ○ eingeschränkte Merk- und Konzentrationsfähigkeit
Förderung	• *Übungen zur Konzentrationsförderung (alle Fächer)*
Leistungsstand Mathe	○ rechnet mit den Fingern bis 20 (teilweise ohne Hilfsmittel bis 10) ○ Über- bzw. Unterschreiten bereitet ihr noch Schwierigkeiten
Förderung	• *Lernen mit allen Sinnen anbieten – ganzheitlich.* • *konkret und anschaulich, variantenreich gestalten*

Ch.

geb. 22.02.1997
Einschulung 2003 in die 1. Klasse der allgemeinen Förderschule Graal – Müritz
kürzlich vom Phoniater festgestellt: Schwerhörigkeit, zu große Rachenmandeln
Ergotherapie
Sprachförderung

Sprache	syntaktisch – morphologische Ebene ○ Komperation der Adjektive ○ Pluralbildung ○ spricht stark dysgrammatisch phonematisch – phonologische Ebene ○ multiple Dyslalie im Inlaut: /r/,/ch$^{1/2}$/,/d/; Anlaut - alle Lautverbindungen mit /r/ nach Konsonanten, /kn/,/bl/,/fl/ ○ Paralalie: /l/ ersetzt andere Laute semantisch – lexikalische Ebene ○ Wortschatz nicht altersgerecht ○ Begriffsbildung eingeschränkt
Förderung	*• Einzelförderung notwendig: Artikulation, Morphologie/Syntax* *• korrektives Feedback auf allen Ebenen geben (Korrektur / korrigieren lassen)*
Lern- und Arbeitsverhalten	○ eingeschränktes Aufgabenverständnis ○ leicht ablenkbar ○ kurze Aufmerksamkeitsspanne, sehr konzentrationsschwach
Förderung	*• Wiederholung von Aufgabenstellungen zur Verstehenssicherung* *• Ent – bzw. Spannungsübungen zur Förderung der Konzentration und Aufmerksamkeit bzw. zur Körperwahrnehmung*
Sozial – emotionales Verhalten	○ introvertiert ○ nicht empathiefähig ○ mangelnde Impulskontrolle (aggressives Verhalten gegenüber Mitschülern – oft unabsichtlich)

Förderung	• *durch Lob, Motivation und eine entspannte Lernatmosphäre wird eine Aufrechterhaltung der Lernfreude gewährleistet* • *durch die aufgestellten Verhaltensregeln in der Klasse soll unangepasstes und aggressives Verhalten gegenüber den Mitschülern und Lehrern unterbunden werden bzw. bewusst gemacht werden*
Wahrnehmung / Motorik	○ auffällige Feinmotorik zeigt sich beim Zeichnen und Schreiben auf der Linie ○ Grobmotorik auffällig (steife Bewegungsabläufe) ○ optische Wahrnehmung im Bereich von Raum-Lage-Beziehungen eingeschränkt
Förderung	• *Ergotherapie* • *progressive Muskelentspannung (Wechsel zwischen An- und Entspannungsübungen) zur Förderung der Körperwahrnehmung und Sensibilisierung* • *Förderung im graphomotorischen Bereich* • *Übungen im visuellen Bereich zur räumlichen Orientierung durch z.B. Bildvergleiche, Ordnungsverhältnisse, etc.*
Kognition	○ Denkoperationen auf der Basis konkreter Anschauung und gegenständlich praktischen Handelns ○ sehr konzentrationsschwach, kurze Aufmerksamkeitsspanne ○ eingeschränkte Merkfähigkeit
Förderung	• *Übungen zur Konzentrationsförderung (alle Fächer)* • *Differenzierung im Anforderungsniveau in Qualität und Quantität* • *Förderung des Aufgabenverständnisses durch Aufgabenvariationen*
Leistungsstand Mathe	○ keine Probleme bei formalen Aufgaben bis 20 (auch Über- und Unterschreiten des Zehners) ○ große Probleme bei nicht-formalen Aufgaben, wie Ergänzungs-, Umkehraufgaben, Rechenpuzzles, etc.
Förderung	• *Durchbrechen formaler Aufgabenstellungen (Aufgabenvarianten, etc.)* • *Motivation und Lob*

11

P.
- geb. 29.09.1996
  - Einschulung 2003 in die 1. Klasse der allgemeinen Förderschule Graal – Müritz
  - bekam kürzlich eine Brille, die er aber kaum trägt
  - Ergotherapie
  - Sprachförderung

Sprache	Phonation / Respiration
	  ○ Schnappatmung
	  ○ spricht gepresst
	
	phonematisch – phonologische Ebene
	  ○ partielle Dyslalie: alle Lautverbindungen mit /k/ im An-, In- und Auslaut betroffen
	
	semantisch – lexikalische Ebene
	  ○ verhältnismäßig gut ausgeprägter Wortschatz

Förderung	• *Einzelförderung: Arbeit an der Artikulation* • *korrektives Feedback auf der syntaktisch – morphologischen sowie phonematisch – phonologischen Ebene geben (Korrektur / korrigieren lassen*
Lern- und Arbeitsverhalten	○ eingeschränktes Aufgabenverständnis ○ sehr leicht ablenkbar ○ gute Merkfähigkeit (Gedichte, Lieder, Reime, etc.)
Förderung	• *Wiederholung von Aufgabenstellungen zur Verstehenssicherung* • *Ent – bzw. Anspannungsübungen zur Förderung der Konzentration und Aufmerksamkeit bzw. zur Körperwahrnehmung* • *Aufgabenvariation zur Förderung des Aufgabenverständnisses* • *Förderung der Selbstständigkeit durch eigene Arbeitsaufträge bzw. Selbstkontrolle*
Sozial – emotionales Verhalten	○ verfügt über Gerechtigkeitsempfinden ○ sehr empathiefähig, hilfsbereit ○ mangelnde Impulskontrolle (verbal-aggressiv; aggressives Verhalten gegenüber Mitschülern – oft unabsichtlich) ○ sucht die Nähe von Bezugspersonen

Förderung	• *durch Lob, Motivation und eine entspannte Lernatmosphäre wird eine Aufrechterhaltung der Lernfreude gewährleistet* • *durch die aufgestellten Verhaltensregeln in der Klasse soll unangepasstes und aggressives Verhalten gegenüber den Mitschülern und Lehrern unterbunden werden bzw. bewusst gemacht werden*
Wahrnehmung / Motorik	○ verkrampfte Schreibhaltung; stark eingeschränkte Feinmotorik ○ auffällige Grobmotorik: hyperaktive und teilweise unflüssige Bewegungsabläufe ○ Wahrnehmung leicht eingeschränkt im auditiven, taktil- kinästhetischen und optischen (räuml. Orient.) Bereich
Förderung	• *Ergotherapie* • *spielerisch Raum für Bewegung schaffen (alle Fächer)* • *progressive Muskelentspannung (Wechsel zwischen An- und Entspannungsübungen) zur Förderung der Körperwahrnehmung und Sensibilisierung* • *Förderung im graphomotorischen Bereich* • *Übungen im visuellen Bereich zur räumlichen Orientierung durch z.B. Bildvergleiche, Ordnungsverhältnisse, etc.* • *Förderung der Feinmotorik*
Kognition	○ Denkoperationen auf der Basis konkreter Anschauung und gegenständlich praktischen Handelns ○ sehr konzentrationsschwach, geringe Aufmerksamkeitsspanne
Förderung	• *Übungen zur Konzentrationsförderung (alle Fächer)* • *Differenzierung im Anforderungsniveau in Qualität und Quantität* • *Schaffung von Entspannungsmomenten zur Steigerung der Konzentrationsfähigkeit*
Leistungsstand Mathe	○ rechnet mit den Fingern konkret anschaulich bis 20 ○ Über- bzw. Unterschreiten des Zehners problembehaftet
Förderung	• *anschaulich und konkret* • *graphomotorische Übungen zur Förderung der Feinmotorik (Schreiben)*

13

F.
- o geb. 27.12.1996
- o Einschulung 2003 in die 1. Klasse der allgemeinen Förderschule Graal – Müritz
- o Sprachförderung

Sprache	Phonation / Respiration
	o zu hohe ST.mlage
	phonematisch – phonologische Ebene
	o multiple Dyslalie: /gl/, /dr/, /tr/, /t/
	semantisch – lexikalische Ebene
	o durchschnittlich ausgeprägter Wortschatz
	o spricht sehr leise und undeutlich
	pragmatisch- kommunikative Ebene
	o geringes Sprachverständnis
	o Sprachgedächtnis unterdurchschnittlich
Förderung	• *Erzählfreude durch Schaffen von Sprechanlässen fördern bzw. aufrecht erhalten*
	• *korrektives Feedback auf der phonematisch-phonologischen Ebene: Fehler bewusst machen und korrigieren / korrigieren lassen*
	• *Spiele bzw. Anregungen zur Wortschatzerweiterung und zur Förderung des Sprachgedächtnisses anbieten*
Lern- und Arbeitsverhalten	o eingeschränktes Aufgabenverständnis, sehr leicht ablenkbar
	o geringe Merkfähigkeit, kurze Aufmerksamkeitsspanne, konzentrationsschwach
	o langsames Arbeitstempo, sehr unordentlich und vergesslich
Förderung	• *Verstehenssicherungen einbauen (Aufgabenwiederholungen, etc.)*
	• *ständiges Anhalten zum ordentlichen Arbeiten und zum Bereithalten/Mitbringen von Arbeitsmitteln*
Sozial – emotionales Verhalten	o ruhig, freundlich, hilfsbereit

14

Förderung	• *durch Lob, Motivation und eine entspannte Lernatmosphäre wird eine Aufrechterhaltung der Lernfreude gewährleistet*
Wahrnehmung / Motorik	○ auffällige Grob- und Feinmotorik: hyperaktive und teilweise unflüssige Bewegungsabläufe, trotz ihrer Zierlichkeit muskelmäßig sehr kräftig ○ Wahrnehmung eingeschränkt im auditiven, taktil- kinästhetischen, rhythmisch-melodischen und optischen (räuml. Orient.) Bereich
Förderung	• *progressive Muskelentspannung (Wechsel zwischen An- und Entspannungsübungen) zur Förderung der Körperwahrnehmung und Sensibilisierung* • *Übungen im visuellen Bereich zur räumlichen Orientierung durch z.B. Bildvergleiche, Ordnungsverhältnisse, etc.* • *Förderung der Feinmotorik*
Kognition	○ Denkoperationen auf der Basis konkreter Anschauung und gegenständlich praktischen Handelns ○ konzentrationsschwach, ablenkbar ○ geringe Merkfähigkeit
Förderung	• *Übungen zur Konzentrationsförderung (alle Fächer)* • *Differenzierung im Anforderungsniveau in Qualität und Quantität* • *Schaffung von Entspannungsmomenten zur Steigerung der Konzentrationsfähigkeit*
Leistungsstand Mathe	○ sicher ohne Hilfsmittel bis 20 (auch Über- und Unterschreiten des Zehners (abhängig von der „Tagesform")
Förderung	• *Konzentration, da sie leicht ablenkbar ist*

J.
- geb. 01.04.1997
- Einschulung 2003 in die 1. Klasse der allgemeinen Förderschule Graal – Müritz
- Brillenträgerin
- Ergotherapie

Sprache	Phonation
	○ spricht sehr leise
	phonematisch – phonologische Ebene
	○ Paralalie: ersetzt /g/ durch /k/; /g/ durch /d/
	○ Artikulation undeutlich und verwaschen
	○ partielle Dyslalie: Lautverbindungen /kn/ und /gl/ im Inlaut
	semantisch – lexikalische Ebene
	○ fehlerhafte syntaktische Decodierung (geringes Sprachverständnis)
	○ spricht sehr leise und undeutlich, wortweise
	○ Wortfindungsstörungen
	pragmatisch- kommunikative Ebene
	○ geringes Sprachverständnis
	○ Sprachgedächtnis unterdurchschnittlich
	○ beim Erzählen kaum logische Zusammenhänge; Auslassen wichtiger Details
	syntaktisch-morphologische Ebene
	○ Artikel-, Pluralbildung; Komperation der Adjektive
Förderung	• *korrektives Feedback auf allen Ebenen*
	• *Spiele bzw. Anregungen zur Wortschatzerweiterung und zur Förderung des Sprachgedächtnisses anbieten*
	• *Einzelförderung mit dem Schwerpunkt Artikulation*
Lern- und Arbeitsverhalten	○ eingeschränktes Aufgabenverständnis, sehr leicht ablenkbar
	○ geringe Merkfähigkeit, kurze Aufmerksamkeitsspanne, konzentrationsschwach
	○ *sehr langsames Arbeitstempo*
Förderung	• *Wiederholung von Aufgabenstellungen zur Verstehenssicherung*

	• Ent – bzw. Anspannungsübungen zur Förderung der Konzentration und Aufmerksamkeit bzw. zur Körperwahrnehmung • Aufgabenvariation zur Förderung des Aufgabenverständnisses • Förderung der Selbstständigkeit und des Selbstbewusstseins durch eigene Arbeitsaufträge bzw. Selbstkontrolle • ständiges Erinnern an die zu erledigenden Aufgabe (Arbeit mit der Stoppuhr)
Sozial – emotionales Verhalten	o ruhig, freundlich, anhänglich, hilfsbereit o braucht immer positive Bestätigung ihrer Handlungen, unselbständig
Förderung	• Förderung der Selbstständigkeit und des Selbstbewusstseins durch eigene Arbeitsaufträge bzw. Selbstkontrolle • Motivation und Lob
Wahrnehmung / Motorik	o auffällige Grob- und Feinmotorik: unflüssige Bewegungsabläufe, kaum Muskelspannung (hypoton) o Wahrnehmung eingeschränkt im auditiven, taktil- kinästhetischen, rhythmisch-melodischen und optischen (räuml. Orient.) Bereich
Förderung	• progressive Muskelentspannung bzw. Übungen zum Spannungsaufbau und Sensibilisierungstraining zur Körperwahrnehmung / -kräftigung • Übungen im visuellen Bereich zur räumlichen Orientierung durch z.B. Bildvergleiche, Ordnungsverhältnisse, etc. • Förderung der Feinmotorik
Kognition	o Denkoperationen auf der Basis konkreter Anschauung und gegenständlich praktischen Handelns o konzentrationsschwach, ablenkbar o geringe Merkfähigkeit
	• Übungen zur Konzentrationsförderung (alle Fächer) • Differenzierung im Anforderungsniveau in Qualität und Quantität • Schaffung von Entspannungsmomenten zur Steigerung der Konzentrationsfähigkeit • Reduzierung des Anforderungsniveaus in Qualität und Quantität
Leistungsstand Mathe	o Aufgaben bis 10 im Kopf, bis 20 anhand der Finger
Förderung	• Üben aller nichtformalen Aufgaben

T.
- geb. 30.01.1997
- Einschulung 2003 in die 1. Klasse der allgemeinen Förderschule Graal – Müritz

Sprache	<u>semantisch – lexikalische Ebene</u> ○ fehlerhafte syntaktische Decodierung (geringes Sprachverständnis) ○ geringer Wortschatz
Förderung	• *Erzählfreude durch Schaffen von Sprechanlässen fördern bzw. aufrecht erhalten* • *Spiele bzw. Anregungen zur Wortschatzerweiterung anbieten*
Lern- und Arbeitsverhalten	○ eingeschränktes Aufgabenverständnis ○ geringe Merkfähigkeit, konzentrationsschwach ○ arbeitet sauber und ordentlich
Förderung	• *Verstehenssicherungen durch z.B. Aufgabenwiederholungen einbauen; Kleinschrittiges Vorgehen bei der Gestaltung von Lernsituationen* • *Selbständigkeit und Lernmotivation durch spezielle Arbeitsaufträge fördern bzw. aufrecht erhalten*
Sozial – emotionales Verhalten	○ ruhig, freundlich, aufgeschlossen und in der Klasse integriert, hilfsbereit ○ braucht immer positive Bestätigung seiner Handlungen
Förderung	• *durch Lob, Motivation und eine entspannte Lernatmosphäre wird eine Aufrechterhaltung der Lernfreude gewährleistet*
Wahrnehmung / Motorik	○ auffällige Grob- und Feinmotorik ○ Differenzierungsfähigkeit eingeschränkt im rhythmisch-melodischen, phonematischen und optischen Bereich
Förderung	• *Spiele zur rhythmischen und melodischen Förderung im Musik- und / bzw. Sportunterricht* *Psychomotorische Übungen zur Schulung der Körperwahrnehmung (taktil, kinästhetisch, etc.) einsetzbar in allen Unterrichtsfächern*

18

Kognition	○ Denkoperationen auf der Basis konkreter Anschauung und gegenständlich praktischen Handelns ○ konzentrationsschwach
Förderung	*Entspannungsmomente durch z.B. autogenes Training schaffen, um die Konzentration und Aufmerksamkeit zu fördern bzw. die Aufmerksamkeitsspanne zu verlängern* • *Reduzierung bzw. Anpassen des Anforderungsniveaus* • *Konzentrationsübungen*
Leistungsstand Mathe	○ rechnet mit Hilfe der Finger bis 20, lückenhaft ○ Probleme bei Über- und Unterschreiten des Zehners, da er oft in der Schule fehlte
Förderung	• *Übungen zur Lateralität* • *bekommt Mathe-Förderung* • *kleinschrittig vorgehen*

S.
○ geb. 30.06.1996
○ Einschulung 2003 in die 1. Klasse der allgemeinen Förderschule Graal – Müritz
○ Linkshänder

Sprache	syntaktisch – morphologisch ○ Plural-, Perfektbildung; Komperation der Adjektive (Superlativ); Flexion
Förderung	• *Erzählfreude durch Schaffen von Sprechanlässen fördern bzw. aufrecht erhalten* • *Fehler auf der syntaktisch – morphologischen Ebene durch korrektives Feedback bewusst machen und korrigieren / korrigieren lassen*
Lern- und Arbeitsverhalten	○ eingeschränktes Aufgabenverständnis, geringe Merkfähigkeit ○ arbeitet größtenteils selbständig ○ Freude an gestalterischen Tätigkeiten
Förderung	• *Verstehenssicherungen durch z.B. Aufgabenwiederholungen einbauen; Kleinschrittiges Vorgehen bei der Gestaltung von Lernsituationen* • *Selbständigkeit durch spezielle Arbeitsaufträge fördern bzw. aufrecht erhalten*
Sozial – emotionales Verhalten	○ ruhig, freundlich, aufgeschlossen und in der Klasse integriert, hilfsbereit ○ braucht immer positive Bestätigung seiner Handlungen ○ ausgeprägtes Gerechtigkeitsempfinden
Wahrnehmung / Motorik	○ auffällige Grob- und Feinmotorik ○ kaum Muskelspannung (hypoton) ○ Differenzierungsfähigkeit eingeschränkt im rhythmisch-melodischen, phonematischen und optischen Bereich
Förderung	• *progressive Muskelentspannung bzw. Übungen zum Spannungsaufbau und Sensibilisierungstraining zur Körperwahrnehmung / -kräftigung* • *Übungen im visuellen Bereich zur räumlichen Orientierung durch z.B. Bildvergleiche, Ordnungsverhältnisse, etc.* • *Förderung der Feinmotorik*

Kognition	o Denkoperationen auf der Basis konkreter Anschauung und gegenständlich praktischen Handelns o logische Zusammenhänge werden nicht erkannt, Denkvollzüge verlangsamt o konzentrationsschwach
Förderung	• *Entspannungsmomente durch z.B. autogenes Training schaffen, um die Konzentration und Aufmerksamkeit zu fördern bzw. die Aufmerksamkeitsspanne zu verlängern* • *Spiele zur Förderung von Konzentration und Aufmerksamkeit (alle Fächer)* • *Anpassen des Anforderungsniveaus*
Leistungsstand Mathe	o rechnet mit Hilfe des Lineals bis 20 o Probleme bei Über- und Unterschreiten des Zehners
Förderung	• *Übungen zur Lateralität* • *kleinschrittig vorgehen*

K.
- geb. am
- Einschulung Oktober 2004 in die 2. Klasse der allgemeinen Förderschule in Graal – Müritz (war davor in der DFK in Sanitz)
- Linkshänder

Sprache	pragmatisch – kommunikative Ebene ○ poltert, wenn er sehr aufgeregt ist
Förderung	• *Entspannungsübungen* • *Atemschulung, ST.meinsatz*
Lern- und Arbeitsverhalten	○ eingeschränktes Aufgabenverständnis ○ keine Anstrengungsbereitschaft ○ sehr verlangsamtes Arbeitstempo, wirkt oft verträumt und abwesend
Förderung	• *Verstehenssicherungen durch z.B. Aufgabenwiederholungen einbauen; Kleinschrittiges Vorgehen bei der Gestaltung von Lernsituationen* • *Motivation durch Lob / positive Verstärkung fördern; Erfolgserlebnisse schaffen*
Sozial – emotionales Verhalten	○ ruhiger Schüler und in der Klasse gut aufgenommen ○ provoziert gern die Mitschüler ○ braucht immer positive Bestätigung seiner Handlungen und viel Motivation
Fördern	• *durch Lob, Motivation und eine entspannte Lernatmosphäre wird eine Förderung der Lernfreude gewährleistet* • *durch die aufgestellten Verhaltensregeln in der Klasse soll unangepasstes und aggressives Verhalten gegenüber den Mitschülern und Lehrern unterbunden werden bzw. bewusst gemacht werden*
Wahrnehmung / Motorik	○ auffällige Grob- und Feinmotorik (hypoton) ○ Differenzierungsfähigkeit eingeschränkt im rhythmisch-melodischen, phonematischen und optischen Bereich • *progressive Muskelentspannung bzw. Übungen zum Spannungsaufbau und Sensibilisierungstraining zur Körperwahrnehmung / -kräftigung* • *Spiele zur rhythmischen und melodischen Förderung im Musik- und / bzw. Sportunterricht* • *Förderung der Feinmotorik*

Kognition	○ Denkoperationen auf der Basis konkreter Anschauung und gegenständlich praktischen Handelns ○ konzentrationsschwach
Förderung	● *Entspannungsmomente durch z.B. autogenes Training schaffen, um die Konzentration und Aufmerksamkeit zu fördern bzw. die Aufmerksamkeitsspanne zu verlängern* ● *Spiele zur Förderung von Konzentration und Aufmerksamkeit (alle Fächer)* ● *Anpassen des Anforderungsniveaus*
Leistungsstand Mathe	○ rechnet nur konkret anschaulich bis 20
Förderung	● *formales Üben* ● *ständiges Wiederholen* ● *kleinschrittig vorgehen und ständige Motivation*

D.

○ seit Mitte Mai 2005 in der 2. Klasse der allgemeinen Förderschule in Graal – Müritz

Sprache	bisher unauffällig
Lern- und Arbeitsverhalten	○ sehr konzentrationsschwach ○ gibt sehr schnell auf (generell) ○ braucht individuelle Betreuung bei der Erledigung der Aufgaben (Motivation und Lob)
Förderung	• *Verstehenssicherungen durch z.B. Aufgabenwiederholungen einbauen; Kleinschrittiges Vorgehen bei der Gestaltung von Lernsituationen* • *Motivation durch Lob / positive Verstärkung fördern; Erfolgserlebnisse schaffen*
Sozial – emotionales Verhalten	○ gut in der Klasse gut aufgenommen ○ braucht immer positive Bestätigung seiner Handlungen und viel Motivation ○ stört oft den Unterricht, ist unaufmerksam
Förderung	• *durch Lob, Motivation, eigene Arbeitsaufträge und eine entspannte Lernatmosphäre wird eine Förderung der Lernfreude gewährleistet* • *durch die aufgestellten Verhaltensregeln in der Klasse soll unangepasstes Verhalten unterbunden bzw. bewusst gemacht werden* • *Erfolgserlebnisse steigern sein Selbstbewusstsein* • *unerwünschte Verhaltensweisen löschen, positive verstärken*
Wahrnehmung / Motorik	bisher unauffällig

24

Kognition	o Denkoperationen auf der Basis konkreter Anschauung und gegenständlich praktischen Handelns
	o konzentrationsschwach
Förderung	• *spielerisch Raum für Bewegung schaffen (alle Fächer)*
	• *Übung zur Konzentrationssteigerung (alle Fächer)*
Leistungsstand Mathe	o konkret anschaulich
Förderung	• *kleinschrittiges Vorgehen und Wiederholung*

3. Verlaufsplanung

Zeit/ didakt. Fkt.	Lehrer – Schüler - Interaktion	Sozialform	sonderpädagogischer Kommentar	Medium
ZO 1 min	**L:** „ Heute lernen wir etw. neues. In dieser Ma-Std. wollen wir uns zunächst mit einer kl. Geschichte beschäftigen. Sie hat mit unserem Std-Thema zu tun. Ich bin gespannt, ob ihr herausfindet, worum es heute gehen soll. Danach werden wir mit etw. mit Spiegeln ausprobieren. Mehr verrate ich noch nicht."	Plenum	• Motivation bei allen durch den Einstieg und d. Schlagen des Spannungsbogens fördern (alle) • opt. Orientierung durch die Piktogramme (alle)	Piktogramme
Hinf./MO 5 min	Flip und Flo brauchen alles doppelt **L:** „Ich möchte euch nun von Flip und Flo erzählen. Sie sind Geschwister und sehen einander sehr ähnlich. Sie sind nämlich Zwillinge (......)." **L:** "Nun habt ihr gehört, dass F. und F. immer die gleichen Sachen brauchen, weil sie ja Zwillinge sind. Schuhe, Stifte Kleidung, etc. Ich bin gespannt, ob ihr alle aufgepasst habt! Was brauchen F.und F. alles?" **S:** „Schuhe, Stifte, Sachen, etc." **L:** „Aber was ist das Besondere an den Sachen?" **S:** „F. und. F. haben immer das Gleiche." **L:** „Richtig. Sie sind Zwillinge und Flip's Sachen sehen genauso aus wie Flo's."	Plenum heur. Gsp.	• Fö. der Aufmerksamkeit und Konzentration durch Zuhören (Franzi, Ch., D.) • Anregen der Sprechfreude und Schulung freier Rede durch die Satzmusterangebote bei der Beantwortung der Fragen (J., Ch., F.) • Einhalten der bekannten Verhaltensregeln durch (stumme) Impulse schulen (bes. P., K., D.)	Bilder zur Geschichte
ZO 2-3 min	Wir lernen, wie man verdoppelt **L:** „ Flo hat genau so einen Stift / solche Schuhe / etc. wie Flip. Die Mutter muss also immer **doppelt** so viele Stifte/Schuhe/etc. kaufen. Und wir wollen heute auch die verschiedensten Sachen	Plenum		

26

	Verlauf	Sozialform	Lernziele	Medien
E 15 min	verdoppeln. Immer doppelt so viele L: „Doppelt heißt, dass man von einem Gegenstand 2x so viel hat. Die Mutter kauft für Flip einen roten Stift, für Flip genau den gleichen. Sie muss den Stift doppelt kaufen. *(zwinkert die S. auf den Teppich)* Aber auch wir haben einige Dinge doppelt. Schaut mal in den Spiegel. Was ist an unserem Körper alles doppelt?" S: „Ohren, Augen, Hände/Finger, Füße, Arme, Beine" L: „Genau, denn mit einem Bein können wir nicht laufen; nur mit einem Ohr nicht richtig hören, etc. Wir wollen nun in Gruppen mit dem Spiegel arbeiten und ein bisschen zaubern. Wie das geht, zeige ich euch vor der Einteilung der Gruppen. (...) Zieht bitte einen Zettel aus der Dose und findet euren Partner." S: Partnersuche anhand der Rechenaufgaben L: „Ich habe für jede Gruppe einen Spiegel und AB bereitgelegt. Ich zeige euch, wie man mit dem Spiegel zaubert (..). Eure Aufgabe ist, die Gegenst. a.d.AB mit dem Spiegel zu verdoppeln. S: Spiegeln die Stäbchen und stellen fest, dass die St. im Spiegel genau so aussehen und sich ihre Anzahl verdoppelt hat.	Gsp. Kreis	• Anregung der Satzbildung durch Satzmusterangebote (J., F., D.) • Anregen der Lernfreude durch Umgang mit dem Spiegel (Ch., D.) • Schaffung von Bewegungsanlässen durch Wechsel der Sozialform (P., Ch., D.) • Fördern der eigenen Körperwahrnehmung durch Herausfinden der doppelten Körperteile (alle) • Motivation und Spannung durch „Zauberei" mit dem Spiegel (alle)	Spiegel Rechenkärtchen mit Aufgaben und Ergebnissen AB und Stäbchen od. andere Gegenst.
U 6 min	Alles doppelt für Flip und Flo L: wdh. m. S. VH Regeln der Gruppenarbeit S: arbeiten an den Tischen.	Partnerlernen	• Förderung soz. Lernens durch Bearbeiten der AB in d. Gruppen (I., K., J., T.) • akustisches Signal gibt Orientierung hinsichtlich der Länge der Partnerarbeit (alle)	Stäbchen und Spiegel

	Ergebnisdarstellung			Triangel
Auswertung/ Abschluss 10 -15 min	**L**: "Ich habe schon gesehen, dass ihr alle ganz fleißig seid. Zum Abschluss der Std. wdh. wir noch einmal, was wir heute neues lernten. **S**: „Wir haben mit dem Spiegel verdoppelt, etc. **L**: „Richtig. Ich bin gespannt, ob ihr in der Std. aufgepasst habt, denn ich möchte noch ein kleines Spiel mit euch machen. (…) Ich nenne euch Dinge und ihr verdoppelt sie. Stellt euch auf die richtige Zahl."	Gsp. Kreis	• Verstehenssicherung und freudvollen Abschluss der Std. durch das Spiel schaffen (alle) • Schulung der Selbsteinschätzung durch Auswertung der Stunde (alle, bes. K., Ch.)	Zahlen auf d. Boden Tafel mit „VH – Punkten"

4. Anhang

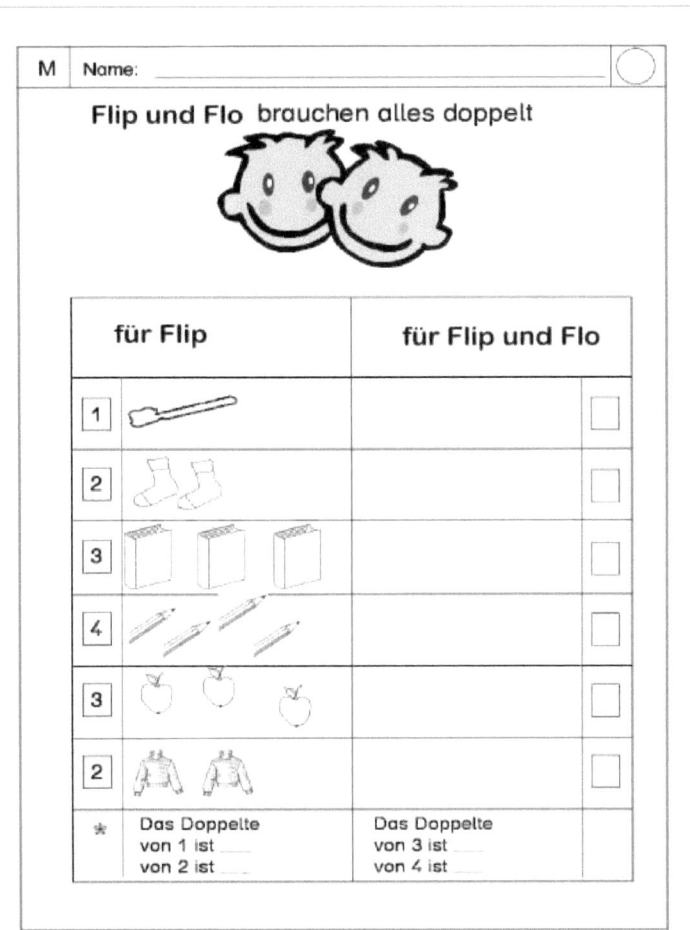

M | Name: _____   ◯

Flip und Flo brauchen alles doppelt

für Flip	für Flip und Flo	
1		☐
2		☐
3		☐
4		☐
3		☐
2		☐
✳ Das Doppelte von 1 ist ___ von 2 ist ___	Das Doppelte von 3 ist ___ von 4 ist ___	

Literatur

- *„Mein Mathematikbuch" 3/4* Volk und Wissen, 2001